图书在版编目（CIP）数据

童话小屋 / (英) 加里·贝利著；(英) 乔埃·戴依
德米，(英) 卡伦·雷德福绘；周鑫译 . -- 北京：中信
出版社，2021.1（2022.7 重印）
（小小建筑师）
书名原文：Storybook Homes
ISBN 978-7-5217-2380-9

Ⅰ.①童… Ⅱ.①加…②乔…③卡…④周… Ⅲ.
①建筑学−少儿读物 Ⅳ.① TU-49

中国版本图书馆 CIP 数据核字 (2020) 第 210522 号

Storybook Homes
Written by Gerry Bailey Illustrated by Joelle Dreidemy and Karen Radford
Copyright © 2013 BrambleKids
Simplified Chinese translation copyright © 2021 by CITIC Press Corporation

童话小屋
（小小建筑师）

著　者：[英]加里·贝利
绘　者：[英]乔埃·戴依德米　[英]卡伦·雷德福
译　者：周鑫
出版发行：中信出版集团股份有限公司
　　　　　（北京市朝阳区惠新东街甲4号富盛大厦2座　邮编　100029）
承 印 者：北京尚唐印刷包装有限公司

开　本：787mm×1092mm　1/12　　印　张：3　　　字　数：40千字
版　次：2021年1月第1版　　　　印　次：2022年7月第3次印刷
京权图字：01-2020-6476
书　号：ISBN 978-7-5217-2380-9
定　价：20.00元

童话小屋

[英] 加里·贝利　著

[英] 乔埃·戴依德米　绘
[英] 卡伦·雷德福

周鑫　译

中信出版集团|北京

目 录

1 住在童话世界里

3 国王的城堡

4 城堡中的房间

6 *建筑师笔记 建筑构件*

8 建筑材料

10 施工场地

12 楼层平面图

14 莴苣姑娘的高塔

16 登上高塔

17 *建筑师笔记 楼梯*

18 鞋屋

19 *建筑师笔记 房间布局*

20 鞋屋真的能住吗？

23 童话般的乡村小屋

24 糖果屋的故事

26 三只小猪

住在童话世界里

你住在什么样的房子里？是公寓、别墅，还是乡村小木屋呢？这些似乎听起来都不错，但有点儿普通，不是吗？

想象一下，假如你住在一个很特别的地方，会发生什么呢？比如，童话里才有的有着高高尖顶的城堡，莴苣姑娘住的高塔，或者超大号的"鞋屋"……

现在，你终于有机会实现愿望了。你可以尽情发挥你的热情和智慧，学习设计你最爱的故事书里写到的房子——那种你一读到就觉得无比神奇、特别向往的房子。

你就是一名建筑师！在这里，开启你的设计之旅吧！

国王的城堡

150多年前，巴伐利亚有一位国王，名叫路德维希二世。他想在王国的山谷中建造一座美丽的城堡。站在那座城堡上，他可以俯瞰山谷里宝石一般的湖泊。

路德维希二世从他小时候读过的德国童话里得到了建造城堡的灵感。这座城堡用漂亮的白色大理石建造，洁白修长的塔楼，高低错落的塔尖，在阳光的映照下分外耀眼。因为城堡里有大量天鹅雕像，因此路德维希二世将它命名为新天鹅堡。

新天鹅堡被郁郁葱葱的森林和群山所环绕，令人仿佛置身于童话世界。

美丽的新天鹅堡，位于现在的德国
巴伐利亚州

3

城堡中的
房间

鸽房

阳台

浴室

更衣室

餐厅

食物升降机

舞厅

大厅

仆人的阁楼

觐见室

厨房

我在城堡顶部的鸽房里养鸽子。

我拥有专属阳台，可以在这里眺望风景。

我的卧室里有一张大大的四柱床，隔壁还有间浴室。

我的更衣室要大到可以装下100件夹克、52条裤子和44双靴子！

仆人们住的阁楼不能离我太远。

舞厅里装饰着闪闪发亮的玻璃吊灯和大理石地板。

觐见室用来接待客人。

大厅里挂着我的家人的肖像画，足足有100幅！

厨房里有大大的壁炉、烤肉架和烤箱。

食物吊篮会把美味佳肴从厨房送到餐厅。

塔尖

屋顶

建筑构件

　　路德维希二世要求新天鹅堡看起来要像中世纪的城堡一样——你可以在骑士大战恶龙的欧洲古老传说中读到中世纪城堡的样子。

　　建筑的整体形状和样式被称为建筑结构。

　　建筑的各个部分叫作建筑构件。

　　你能在右侧的城堡中找到哪些建筑构件呢？

窗户

拱门

柱子

防护矮墙

角楼

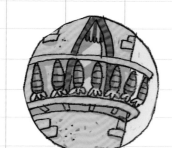

阳台

石雕

建筑材料

建筑物是用许多种不同的建筑材料建造的。

板岩是一种光滑扁平的天然石材，常用于铺设屋顶

彩色玻璃常用于装饰窗户。玻璃是由一种特殊的沙子加热成液体后再冷却而制成的

石灰岩是一种多孔的石头，吸水性好，有灰、白、黄、褐红等色。石灰岩很容易被雕刻成各种形状

大理石有各种各样的美丽纹路，石材表面经过抛光后会变得更有光泽。大理石是成块地开采出来的

树木被砍下来，切割成原木，然后在锯木厂加工成建筑材料

混凝土是把水泥和砂石、水混合在一起形成的，它可以用来建造建筑物的地基和墙体

施工场地

路德维希二世希望他的城堡建在高高的山上。这其实是个不小的难题，因为人们不得不把沉重的建筑材料运往陡峭的山上。

建筑师小词典

选址规划图

这张规划图显示了城堡的施工位置。从图中还可以看到城堡周围的土地、森林和湖泊。

板岩

大理石

木料

彩色玻璃
必须小心运输

搅拌水泥

11

楼层平面图

这是建筑师绘制的楼层平面图。从图上可以看出城堡里所有房间的分布情况。

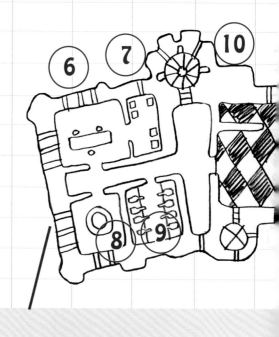

一楼平面图

1. 大门
2. 庭院与马厩
3. 拱门
4. 花园
5. 大厅与人像走廊
6. 厨房
7. 食物储藏室
8. 水井
9. 地窖
10. 楼梯

建筑师小词典

比 例

建筑师的设计图纸必须按比例绘制。这意味着图纸上的每一厘米，都代表一段确定的实地距离。

如果图纸的比例是1:500，那么图纸上的1厘米就代表5米的实地距离。因此，这张图纸上5厘米宽的房间，它的实际宽度为25米。

12

二楼平面图

1. 阳台
2. 舞厅
3. 正厅
4. 楼梯

三楼平面图

1. 主卧室与阳台
2. 卫生间
3. 浴室
4. 书房

5. 更衣室
6. 仆人房间
7. 通往阁楼和鸽房的楼梯

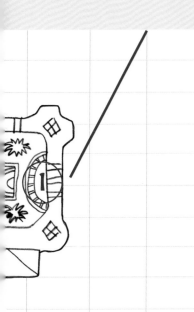

莴苣姑娘的高塔

莴苣姑娘从小就离开了父母，她被女巫关在森林深处的一座高塔里，过着孤单的生活。

这座高塔既没有楼梯也没有门，只在塔顶开了一扇小小的窗户。因为莴苣姑娘长着长长的金发，所以每当女巫想要进入高塔时，就会在塔底下大叫道："莴苣姑娘，莴苣姑娘，把你的金色长发放下来！"然后，莴苣姑娘就会把她的长辫子垂到窗外，好让女巫爬上去。

一天，莴苣姑娘在窗边唱歌，正巧一位王子骑马路过，他被她的歌声迷住了。

正当他想着该怎么进入高塔的时候，他看到女巫抓着莴苣姑娘的辫子爬了上去。"所以，那就是楼梯了，对吧？"王子自言自语道，"我应该过一会儿再来。"到了晚上，他走到塔底下喊道："莴苣姑娘，莴苣姑娘，把你的金色长发放下来！"

莴苣姑娘没想到爬上来的不是女巫，而是一位英俊的王子。她非常高兴。他们一起商定了逃跑计划。每次王子来看望莴苣姑娘时，都会带来一卷丝线，这样她就能慢慢地编织出一条长梯。

不幸的是，女巫发现了他们的计划，她剪断了莴苣姑娘的长发，把莴苣姑娘一个人抛弃到荒野中。

女巫把莴苣姑娘的长发绑在窗钩上，一无所知的王子抓着长发爬了上来。当他听说莴苣姑娘的悲惨遭遇后，绝望地从塔上跳了下去。王子掉进了荆棘丛里，双眼都被刺伤了。

失明的王子在森林里悲伤地游荡了几年后，来到了莴苣姑娘所在的荒野。两个历经苦难的人终于再次相遇了。

登上高塔

莴苣姑娘和王子非常幸运地再次相遇，现在，他们需要一个新家。莴苣姑娘看中了一座乡村里的高塔（毕竟，她过去住塔住习惯了）。

在入住之前，她把世界上各种各样的高塔看了个遍。

这座古老的塔是用石块建造的

迪拜的哈利法塔是用钢筋混凝土建造的

法国巴黎的埃菲尔铁塔是用纵横交错的铁条建造的

楼 梯

有结攀绳

外墙脚手架

木梯

内部楼梯

绳梯

金属逃生梯

石阶

楼梯是建在建筑物内部或外部，用来上下楼的一组台阶。楼梯有承重架做支撑，通常还有固定扶手。

楼梯通常是建筑物里面最坚实的部分，因为它们受到建筑结构的支撑。

木梯、石阶、绳梯和金属逃生梯都属于楼梯。

17

鞋　屋

这栋鞋子形状的古怪建筑叫海恩斯鞋屋，它坐落于美国宾夕法尼亚州约克郡

鞋钉先生一家即将搬进这栋古怪的鞋屋里！他们有好几个孩子，需要不同的房间来工作、做游戏和睡觉。那么，建筑师要怎样做，才能把它打造成一个舒适宜居的家呢？

房间布局

建筑师需要先确定房屋有几层，再规划每层具体的房间。

你心目中理想的家中都有哪些房间？有没有可以坐下来聊天、看电视的客厅？有没有厨房、浴室和每个人的卧室？是不是还有其他特殊的房间，比如游戏室、衣帽间和储藏室，甚至阁楼？

建筑师小词典

剖面图

建筑师绘制了一幅剖面图来展示房子内部的情况。剖面图看起来就像是用刀把房子从中间剖开了。

打开一道道房门，经过一段段楼梯，你可以前往房屋中的任意房间。它们将房屋内部的各个部分连通起来。

鞋屋真的能住吗？

也许你设想的房屋布局不会像鞋屋这么疯狂——毕竟这是一栋特别的建筑！比如鞋屋的屋顶上有个漏斗，雨水落在漏斗中，顺着"鞋面"上的斜槽流下，看起来十分有趣！

观察下一页的鞋屋剖面图，回答下面几个问题。

· 在楼层之间上下有两种不同的方式，你发现了吗？

· 鞋屋里可以住几个人？

· 人们正在一楼的房间里制作什么东西？

· 你觉得宠物会喜欢这栋鞋屋吗？为什么？

· 找到两个能洗澡的地方。

· 找到两个挂外套的地方。

这栋鞋屋简直是万能的

漏斗

斜槽

宠物房间

电梯

淋浴间

童话般的乡村小屋

许多人喜欢住在乡村小屋里。

这种小屋可能是一栋非常小的房子，有一层或两层高，每层只有两个房间，分别位于中间楼梯的两侧。

许多乡村小屋都是用天然材料建造的，比如小屋的木梁、地板上铺的石砖，还有屋顶上盖的茅草等。

虽然这栋小屋看起来"很美味"，但它可是货真价实的房子！"糖果"是彩色的石头，"糖霜"是白色的油漆。

想知道关于糖果屋的故事吗？

翻到下一页

23

糖果屋的故事

　　从前有两个小孩，哥哥叫汉森，妹妹叫格雷特。他们跟父亲和继母生活在一起。父亲是个伐木工，收入微薄，没办法养活一家人，狠心的继母就劝他把孩子们扔掉。伐木工无奈之下，只得同意把兄妹俩带到森林深处，让他们自生自灭。

　　汉森知道了继母的诡计，他沿路撒下面包屑作为记号，好帮助他们回家。但是面包屑被鸟儿吃了个精光，兄妹俩迷路了。走啊走啊，他们在森林深处发现了一栋用蛋糕和糖果建成的小屋。汉森吃了一块甜甜的玻璃窗格，格雷特则吃起了奶油墙。

　　两个孩子正吃得兴高采烈，突然，小屋的门开了，从里面走出来一个老婆婆。

这个老婆婆看起来很友善，但实际上她是一个坏巫婆。她想把孩子们养胖了再吃掉，小屋就是她的陷阱。

巫婆把汉森锁在笼子里，每天逼迫格雷特帮她干活。等到她觉得汉森足够胖了，就烧了一锅水，准备吃掉汉森。不过，当她想试试水温时，却自食恶果，掉进了锅里。

格雷特赶紧把哥哥从笼子里放了出来。他们离开糖果屋，最终找到了回家的路。

父亲见到他们很激动也很后悔，告诉他们那狠心的继母已经死了。他们从此过上了幸福快乐的生活。

三只小猪

三只小猪的故事要从猪妈妈让它们独自出去闯荡说起，离开家的小猪们决定各自建造属于自己的房子。

把木头锯成木板，再把木板钉在一起，可以盖一间木屋

芦苇是一种强韧的水生植物。把芦苇秆扎成捆编起来，可以用来建造墙壁和屋顶

第一只小猪用稻草盖了一间草屋，但老狼一口气就把草屋吹倒了。

第二只小猪盖了一间木屋，结果也和第一只小猪一样。

第三只小猪盖了一间结实的砖房，老狼怎么吹也吹不倒。它非常生气，决定从烟囱里滑下去抓小猪。

但是聪明的小猪烧了一大锅水，老狼从烟囱滑下来，扑通一声掉进了水里。

建筑师小词典

选择材料

稻草和芦苇

稻草和芦苇非常轻，很容易在乡村收集到。

木头

如果你住在森林附近，建一间木屋是个不错的选择。

砖

如果你想盖一间坚固结实的小屋，砖是最好的选择。

砖是用黏土烧制成的。建砖房时，要把砖一排排地垒起来，用水泥砌合。黏土还可以用来烧制瓦片，瓦片要一片片地重叠着铺在屋顶上

《古代建筑奇迹》

高耸的希巴姆泥塔、神秘的马丘比丘、粉红色的"玫瑰之城"佩特拉、被火山灰"保存"下来的庞贝古城……

一起走进古代人用双手建造的奇迹之城，感受古代建筑师高明巧妙的设计智慧！

你将了解： 棋盘式布局　选址要素　古代建筑技术

《冒险者的家》

你有没有想过把房子建到树上去？

或者，体验一下住在大篷车里、帐篷里、船屋里、冰雪小屋里的感觉？

你知道吗？世界上真的有人在过着这样的生活。他们既是勇敢的冒险者，也是聪明的建筑师！

你将了解： 天然建筑材料　蒙古包的结构　吉卜赛人的空间利用法

《童话小屋》

莴苣姑娘被巫婆关在哪里？塔楼上！

三只小猪分别选择了哪种建筑材料来盖房子？稻草、木头和砖头！

用彩色石头和白色油漆，就可以打造一座糖果屋！

建筑师眼中的童话世界，真的和我们眼中的不一样！

你将了解： 建筑结构　楼层平面图　比例尺

《绿色环保住宅》

每年都会有上亿只旧轮胎报废，它们其实是上好的建筑材料！

再生纸可以直接喷在墙上给房子保暖！

建筑师们向太阳借光，设计了向日葵房屋；种植草皮给房顶和墙壁裹上保暖隔热的"帽子"、"围巾"……

你将了解： 再生材料　太阳能建筑　隔热材料

《高高的塔楼》

你喜欢住在高高的房子里吗？

建筑师们是怎么把楼房建到几十层高的？

在这本书里，你将认识各种各样的建筑，还会看到它们深埋地下的地基。你知道吗？建筑师们为了把比萨斜塔稍微扶正一点儿，可是伤透了脑筋！

你将了解： 楼层　地基和桩　铅垂线

《住在工作坊》

在工作的地方，有些人安置了自己小小的家，这样，他们就不用出门去上班了！

在这本书中，建筑师将带你走入风车磨坊、潜艇、灯塔、商铺、钟楼、土楼、牧场和宇宙空间站，看看那里的工作者们如何安家。

你将了解： 风车　灯塔发光设备　建筑平面图

《新奇的未来建筑》

关于未来，建筑师们可是有许多奇妙的点子！

立体方块房屋、多边形房屋、未来城市社区、海洋大厦……这些新奇独特的设计，或许不久就能变成现实了！

那么，未来的你又想住在什么样的房子里呢？

你将了解： 新型技术　空间利用　新型材料

《动物建筑师》

一起来拜访世界知名建筑师织巢鸟先生、河狸一家、白蚁一家和灵巧的蜜蜂、蜘蛛吧！它们将展示自己的独门建筑妙招、天生的建筑本领和巧妙的建筑工具。没想到吧，动物们的家竟然这么高级！

你将了解： 巢穴　水道　蛛网　形状

《长城与城楼》

万里长城是怎样建成的？

城门洞里和城墙顶上藏着什么秘密机关？

为了建造固若金汤的城池，中国古代的建筑师们做了哪些独特的设计？

你将了解： 箭楼　瓮城　敌台　护城河

《宫殿与庙宇》

来和建筑师一起探秘中国古代的园林和宫殿建筑群！

在这里，你将认识中国园林、宫殿和佛寺建筑的典范，了解精巧的木制斗拱结构，还能和建筑师一起来设计宝塔。赶快出发吧！

你将了解： 园林规则　斗拱　塔

出品　中信儿童书店

图书策划　火麒麟

策划编辑　范萍　张旭

执行策划编辑　张平

责任编辑　邹绍荣

营销编辑　曹灵

装帧设计　垠子

内文排版　索彼文化

出版发行　中信出版集团股份有限公司

服务热线：400-600-8099　网上订购：zxcbs.tmall.com

官方微博：weibo.com/citicpub　官方微信：中信出版集团

官方网站：www.press.citic

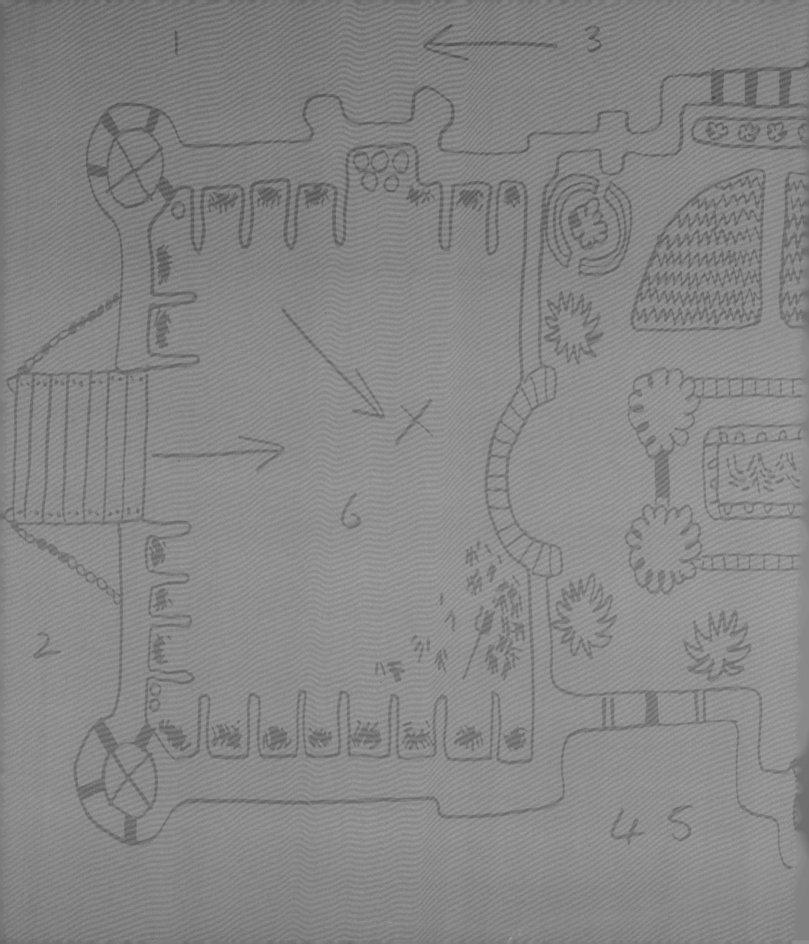